職人訂製口金包

北歐風格印花布 × 口金袋型應用選

Design your frame

洪藝芳◎著

Preface

與 **手作** 成為一輩子的好朋友

接觸拼布30幾年，
一直處於拼布教學的角色，
這次出的這本口金包主題書，
主要是以初學者的角度切入，
讓剛入門的新手，
能夠很快地藉由本書內容，
完成自己第一個想作的口金包。

書中收錄
各式各樣用途廣泛，
造型多變又能輕鬆上手的口金包，
從實用簡單的小包款，
到多元組合的斜背包.....等，
全書使用的布料
大多是北歐風格的印花布，
以我喜愛的花色
呈現田園生活、各式可愛莓果花卉
及幾何小物的圖案，
加上莫蘭迪色調的素布搭配，
使作品整體的設計，
具有優雅文青風格的質感。

希望邀請剛入門的初學者，
或是已有程度的好友們，
能夠一起沉浸在美好的手作世界，
感受拼布還有手作，
是能夠讓自己快樂並放鬆心情的美事。

期待大家跟我一樣
能與手作成為一輩子的好朋友。

衷心感謝～
雅書堂團隊的支持與愛護，
以及隆德貿易呂老板、
陽鐘拼布飾品材料DIY洪老板的協助，
讓這一本書在疫情嚴峻的時刻，
能夠順利地出版，
十分感恩。

木棉拼布美學藝坊　　凌藝芳

歡迎大家來教室
找我一起玩手作喔！

◆拼布資歷 30 年
◆木棉拼布美學藝坊負責人
◆隆德布能布玩迪化店特約手作老師
◆台灣國際拼布友好會第二屆、第三屆會長
◆基隆市飾品加工職業工會擔任拼布講師
◆基隆市社區大學拼布講師
◆基隆市社區大學羊毛氈講師
◆基隆市社區大學拼布與皮革講師
◆基隆長庚紀念醫院擔任日間關懷教室拼布講師
◆基隆市手工藝職業工會拼布講師
◆基隆市飾品職業工會拼布講師
◆巧手易雜誌專欄作家
◆勵活課程設計中心手作講師
◆2016受邀參加日本Quilt&Stitch Show2016
◆2017受邀參加中國國際手工文化創意產業博覽會
　鄭州拼布展及拼布教學
◆2017受邀參加中國上海舉辦
　第九屆亞洲拼布節拼布展
◆基隆市第11界終身學習博覽會拼布市集小物教學
◆基隆市政府教育處學習城市計畫、
　文創行動市集活動、羊毛氈DIY教學

「木棉拼布美學藝坊」教室
地址：基隆市仁愛區孝四路24號2樓

🅵粉絲專頁搜尋：「木棉拼布美學藝坊」

作者序
與手作成為一輩子的好朋友

PART ONE　職人訂製口金包

type.1　基本款式口金包

Contents

type.1 基本款式口金包

P.9 花的輪廓

P.10 藍色棉花糖

type.2 基本拼接口金包

HOW TO MAKE P.18-19

P.14 香檳氣泡

HOW TO MAKE P.30-31

P.15 晴空青鳥

P.16 夏日花藤

type.3 基本拼接＋抽皺口金包

HOW TO MAKE P.22-23

P.20 小洋裝圓舞曲　　P.21 泡泡物語

type.4 側身拼接口金包

HOW TO MAKE P.30-31

HOW TO MAKE P.30-31

HOW TO MAKE P.29

P.24 紅色花序　　P.26 晨露玫瑰園　　P.28 花語記事本

type.5 一字口金包

HOW TO MAKE P.36

P.32 有陽光的花路　　P.34 黃色手帕

type.6 彈簧口夾口金包　　**type.7** L 型口金包　　**type.8** 雙口金包

HOW TO MAKE P.38

P.35 蔚藍海岸

HOW TO MAKE P.41~43

P.40 哈囉仙人掌

HOW TO MAKE P.50-53

P.44 貓的灰色調

HOW TO MAKE P.54-55

P.45 甜蜜桃子

type.9 盒型口金包　　**type.10** ⌒型支架口金包　　**type.11** 雙口袋口金包　　**type.12** 袋中袋口金包

HOW TO MAKE P.56-57

P.46 祕密盒子

HOW TO MAKE P.58-61

P.48 Purple Rain

HOW TO MAKE P.64~67

P.62 言葉之森

HOW TO MAKE P.70-73

P.68 湖畔時光

PART TWO　洪老師的基礎口金小教室

PART THREE　作法指南
附錄紙型

type 1

基本款式口金包

8 半圓口金 cm

小花點點

初學者必學的基本款8cm半圓口金包，
搭配日常收集的織花蕾絲，
展現清新風格。

使用口金／半圓口金　口金尺寸／8cm
How to make／基本作法參考P.12-P.13
紙型／A面

6cm 半圓口金

type.1 基本款式口金包

花雨

以6cm半圓口金製作的兩款口金包，
袋身形狀稍微改變，
風格也不同。

使用口金 / 半圓口金　口金尺寸 / 6cm
How to make / 基本作法參考P.12-P.13
作法指南 / P.91　紙型 / A面

8 cm

ㄇ字口金

type.1 基本款式口金包

彩色豆豆

活潑亮麗的糖果色水玉印花口金包，
最適合送給可愛的小女生。

使用口金 / ㄇ字口金　口金尺寸 / 8cm
How to make / 基本作法參考P.12-P.13
作法指南 / P.93　紙型 / B面

花的輪廓

可放入筷子的4cmM型口金包，
口金尺寸越小越需要耐心，
請細心縫製。

使用口金／M字口金　口金尺寸／4cm
How to make／基本作法參考P.12-P.13
作法指南／P.92　紙型／A面

4 cm
M字口金

20 半圓口金 cm

type.1 基本款式口金包

藍色棉花糖

以20cm的壓克力珠口金製作縫製成斜背包，
清爽的藍色有如棉花糖般柔軟宜人。

使用口金 / 半圓口金　口金尺寸 / 20cm
How to make / 基本作法參考P.12-P.13
作法指南 / P.94　紙型 / A面

P.6 小花點點

材料：表布15cm×30cm、
　　　裡布15cm×30cm、
　　　鋪棉（單膠）15cm×30cm
　　　蕾絲花片1片

使用口金：半圓口金　口金尺寸：8cm

紙型：A面　紙型說明：原寸，縫份請外加0.7cm

最適合初學者入門，簡
單的基礎口金包款式，
你一定要試試喔！

How to make

【挑戰指數：★☆☆　適合初學者製作】

小提醒：為使作品清楚示範，拍攝時使用的布料可能與原作品色不同。

1 裁剪表布2片、裡布2片，表布背面燙上鋪棉（單膠）。

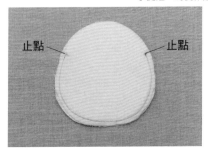

止點　　　　　　止點

2 表布2片正面相對，在2邊止點下方處進行半回針縫。

捲針縫

3 縫合完成後，修剪棉襯，並進行捲針縫。

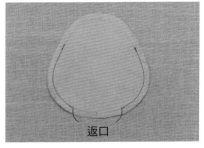

返口

4 裡布2片正面相對在2邊止點下方處進行平針縫，下方中間請留返口不縫合。

5 將步驟**3**表袋翻至正面。

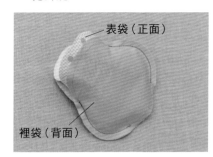

表袋（正面）

裡袋（背面）

6 將步驟**5**表袋與步驟**4**裡袋正面相對套合。

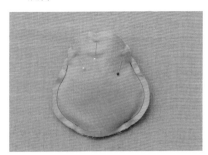

7 表袋與裡袋止點上方兩邊各自別上珠針，別上珠針後，以半回針縫縫合。

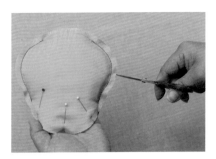

8 在裡袋縫份剪牙口。

縫合

9 上口布縫合。

洪老師的口金包製作
TIPS

口金固定方法 ▶ P.82

10 上口布修剪棉襯。

11 上口布剪牙口。

12 從步驟**4**留下的返口翻至正面。

13 翻至正面後,塞入裡袋。

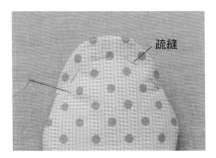

疏縫

14 上口布進行疏縫。

15 套上口金。

16 請參考P.82口金固定方法,使用口金固定釦或一般疏縫方法縫上口金,縫合裡袋返口,加上蕾絲花片裝飾即完成。

type 2

基本拼接口金包

8 半圓口金 cm

type.2 基本拼接口金包

香檳氣泡

基本型的拼接口金包，
運用布片的色彩搭配，
可以作出撞色設計，
或以幾何圖形與素布相襯，
打造個人風格得心應手。

使用口金／半圓口金
口金尺寸／8cm
How to make／P.18－P.19
紙型／B面

15 ∏字口金 cm

type.2 基本拼接口金包

晴空青鳥

鑲著小鳥的∏字口金框，
以藍色小花布料與喜愛的布標相搭，
彷彿置身於晴空，幸福無垠。

使用口金 / ∏字口金
口金尺寸 / 15cm
作法指南 / P.95
紙型 / B面

type.2 基本拼接口金包

夏日花藤

猶如在蔚藍晴空之際，
盛放的紅花布，
讓人擁有夏日的好心情，
提把也是以同一片布的
零碼布製成。

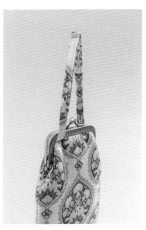

8 cm

ㄇ字口金

使用口金 / ㄇ字口金 口金尺寸 / 8cm
How to make / 基本作法參考 P.18–P.19
作法指南 / P.96　紙型 / A面

將口金改成半圓型，
更換了布的顏色，
浪漫的秋日詩意隨之而來。

- PART ONE -

職人訂製
口金包
Handmade Frame Bag

P.14 香檳氣泡

材料：表布（A）10cm×30cm、
　　　表布（B）7cm×30cm、
　　　裡布15cm×30cm、
　　　鋪棉（單膠）15cm×30cm

使用口金：半圓口金　口金尺寸：8cm

紙型：B面　紙型說明：原寸，縫份請外加0.7cm

\point/

學會了基本型的口金包，來作簡單的拼接款吧！選用印花布和素布的搭配，或是撞色設計都很棒！

How to make

【挑戰指數：★☆☆　適合初學者製作】

小提醒：為使作品清楚示範，拍攝時使用的布料可能與原作品色不同。

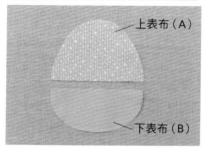

上表布（A）

下表布（B）

1 依紙型裁剪表布，上表布（A）2片、下表布（B）2片。

▶

2 表布（A）＋（B）正面相對進行平針縫。

3 表布翻至背面，縫份往下燙。

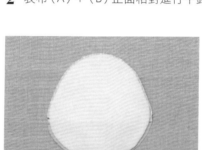

4 背面燙上鋪棉（單膠）。

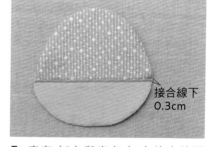

接合線下0.3cm

5 表布（B）與表布（A）接合線下0.3cm壓線，完成2片。表布2片正面相對縫合，完成表袋。

洪老師的口金包製作
TIPS

步驟**5**在接合線下0.3cm壓線，具有裝飾及固定縫份之用途。

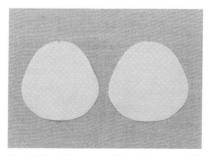

6 裁剪裡布2片。裡布2片正面相對縫合，完成裡袋。

7 步驟**5**表袋與步驟**6**裡袋止點上方兩邊各自別上珠針，別上珠針後，以半回針縫縫合，下方留返口。

18

8 上口布縫合。

9 上口布修剪棉襯。

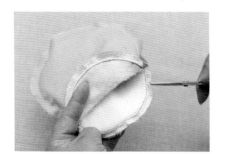

10 上口布剪牙口。

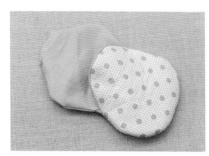

11 從返口翻至正面。

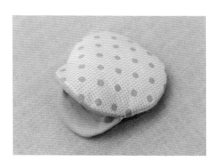

12 塞入裡袋。

13 上口布進行疏縫。

14 套上口金。

15 請參考P.82口金固定方法，使用口金固定釦或一般疏縫方法縫上口金。

16 縫合裡袋返口，即完成。

洪老師的口金包製作
TIPS

基本型口金包與拼接款口金包作法，僅在於表布是否進行拼接而異，其餘作法相同，讀者可參考運用。

PART ONE

職人訂製
口金包
Handmade Frame Bag

type
3

基本拼接＋抽皺口金包

8 半圓口金
cm

---

type.3 基本拼接＋抽皺口金包

小洋裝圓舞曲

運用8cm口金設計一件小洋裝吧！
領口加上抓皺更有型，裙襬搖搖真可愛。

使用口金／半圓口金　口金尺寸／8cm
How to make／P.22－P.23　紙型／B面

10 半圓口金 cm

type.3 基本拼接 + 抽皺口金包

泡泡物語

抽皺造型口金包的基本款式，運用抽皺方法，
讓包包變得更有變化。

使用口金 / 半圓口金　口金尺寸 / 10cm
作法指南 / P.97　紙型 / B面

P.20 小洋裝圓舞曲

材料：表布（A）、裡布（A）6cm×22cm、
　　　表布（B）、裡布（B）8cm×32cm、
　　　表布（C1）（C2）4cm×18cm、
　　　鋪棉（單膠）6cm×20cm、小釦子×2顆
使用口金：半圓口金　口金尺寸：8cm
紙型：B面　紙型說明：原寸，縫份請外加0.7cm

運用抽皺技巧，可讓包
包的造型更有變化，只
需一點點的巧思，作品
就與眾不同。

How to make

【挑戰指數：★★★　適合進階程度者製作】

小提醒：為使作品清楚示範，拍攝時使用的布料可能與原作品色不同。

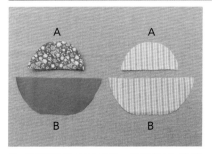

1 裁剪表布（A）2片，背面燙上鋪棉
（單膠），裡布2片。表布（B）2
片、裡布2片。

車縫抽皺的情況

2-1 表布（B）抽皺：若採車縫方式，
請將車縫針距調到最大，縫份處
0.4cm、0.5cm各車縫一條線。

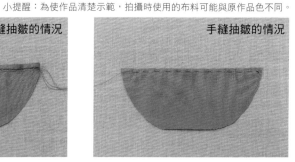

手縫抽皺的情況

2-2 表布（B）抽皺：若採手縫方式，
以大針距進行平針縫，一針針
距約為0.7cm。

3 將表布（B）調整的跟表布（A）一樣寬。（圖中示範為
車縫抽皺的情況）

▶

表布（A）與（B）以半回針縫縫合。縫份如圖倒向下方，在
表布（B）與表布（A）接合線下0.3cm進行壓線，完成2片。

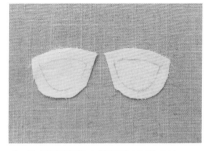

4 依紙型裁剪小領子布（C）4片。

5 2片各自正面相對進行平針縫，上
方不縫。

6 由上方翻至正面。完成2個小領子。

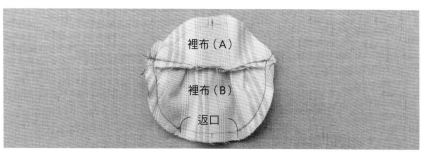

7 裡布（B）參考步驟**2**作法進行抽皺縫，將裡布（B）調整的跟裡布（A）一樣寬，裡布（A）與（B）以半回針縫縫合，完成2片後，裡布2片正面相對，在2邊止點下方處進行平針縫，下方中間留返口不縫合，完成裡袋。

8 步驟**3**表布2片正面相對，在2邊止點下方處進行平針縫，完成表袋。

9 將表袋翻至正面。

10 步驟**9**表袋與步驟**7**裡袋正面相對套合，上口布以半回針縫縫合。

11 由返口翻至正面，塞入裡袋。

裝飾釦

12 以珠針將步驟**6**完成的小領子別上，疏縫固定。再縫上裝飾釦。

13 套上口金，請參考P.82口金固定方法，使用口金固定釦或一般疏縫方法縫上口金，縫合裡袋返口，即完成。

type
4

側身拼接口金包

10 cm

ㄇ字口金

type.4 側身拼接口金包

紅色花序

討喜的紅花布，搭配同色系的紅色珠頭口金，
是最時尚亮眼的攜帶配件。

使用口金／ㄇ字口金
口金尺寸／10cm
How to make ／ P.30—P.31
紙型／A面

18 cm 眼鏡框口金

type.4 側身拼接口金包

晨露玫瑰園

經典的玫瑰圖騰，
搭配小花皮革提把的M型馬甲提包，
雅致質感，表露無遺。

使用口金／眼鏡框口金
口金尺寸／18cm
How to make／P.30─P.31
紙型／B面

半圓口金

8 cm

type.4 側身拼接口金包

花語記事本

以印花布作為主角,
搭配側邊素布,
呈現不同質感的包款。

使用口金 / 半圓口金　口金尺寸 / 8cm
How to make / P.29　紙型 / A面

P.28 花語記事本

材料：表布（A）14cm×28cm、裡布（A）14cm×28cm、
側身布（B）15 cm×15cm、側身布（B）裡布15 cm×15cm、
鋪棉（單膠）30cm×30cm

使用口金：半圓口金

口金尺寸：8cm

紙型：A面

紙型說明：原寸，縫份請外加0.7cm

How to make

【挑戰指數：★★☆　適合有縫紉基礎學習者製作】

小提醒：為使作品清楚示範，拍攝時使用的布料可能與原作品色不同。

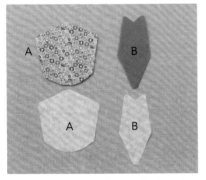

1 依紙型說明裁剪表布（A）2片，背面燙上鋪棉（單膠）、裡布（A）2片。側身布（B）2片，背面燙上鋪棉（單膠）、側身布（B）裡布2片。

裡布
半回針縫　　平針縫

2 如圖表布與側身布以半回針縫縫合，裡布與側身布以平針縫縫合，各完成2組。

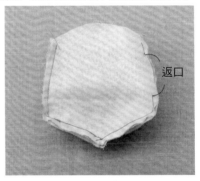

返口

3 步驟**2**裡布2片正面相對以平針縫組合，修剪縫份並進行捲針縫，完成裡袋。其中一邊中間請留5cm的返口。

4 步驟**2**表布2片正面相對以半回針縫組合，修剪縫份並進行捲針縫，完成表袋。表袋與步驟**3**裡袋正面相對套合，以半回針縫組合，修剪縫份並進行捲針縫後，自返口翻至正面。作法請參考P.31步驟**8**至步驟**11**。

5 套上口金，請參考P.82口金固定方法，使用口金固定釦或一般疏縫方法縫上口金，縫合裡袋返口，即完成。

\point/

這是一款讓口金包底部會呈現交叉型的有趣設計，不妨運用布料的顏色搭配，製造更多視覺上的驚喜感。

PART ONE

職人訂製
口金包
Handmade Frame Bag

P.24 紅色花序

材料：表布（A）14cm×21cm、
　　　裡布（A）14cm×21cm、
　　　鋪棉（單膠）14cm×21cm、
　　　側身布（B）9cm×22cm、
　　　裡布（B）9cm×20cm、
　　　鋪棉（單膠）9cm×20cm
使用口金：ㄇ字口金　口金尺寸：10cm
紙型：A面　紙型說明：原寸，縫份請外加0.7cm

How to make

【挑戰指數：★★☆　適合有縫紉基礎學習者製作】　　　　小提醒：為使作品清楚示範，拍攝時使用的布料可能與原作品色不同。

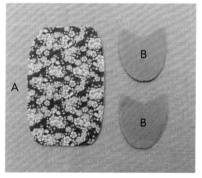

1 依紙型裁剪表布（A）1片、側身布（B）2片。

2 如圖將表布（A）與（B）別上珠針。

3 以半回針縫縫合。

捲針縫

4 接合部分請修剪棉襯，並進行捲針縫。另一側作法相同，完成表袋。

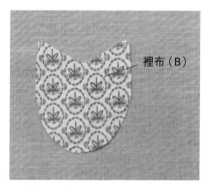

裡布（B）

5 依紙型裁剪裡布（A）1片、裡布（B）2片。

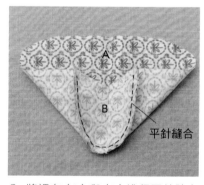

A

B

平針縫合

6 將裡布（A）與（B）進行平針縫合。

P.26 晨露玫瑰園

材料：表布（A）16cm×18cm、
　　　裡布（A）16cm×18cm、
　　　鋪棉（單膠）16cm×18cm、
　　　側身布（B）13cm×26cm、
　　　裡布（B）13cm×26cm、
　　　鋪棉（單膠）13cm×26cm

使用口金：眼鏡框口金　口金尺寸：18cm
紙型：B面　紙型說明：原寸，縫份請外加0.7cm

P.26晨露玫瑰園作法與紅色花序相同，僅為口金款式不同。

以一片布連接兩側側身的包款，有型又時尚，試著自己配出有趣的撞色款吧！

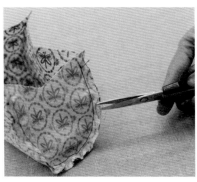

7 接合裡布（A）與（B），進行平針縫合後剪牙口，完成裡袋。

8 步驟**4**表袋與步驟**7**裡袋完成的樣子。

9 將表袋與裡袋正面相對套合，縫份燙開，兩邊別上珠針，以半回針縫縫合，中間請留5cm返口。

10 口布修剪棉襯。

11 由返口翻至正面，請將返口處縫份塞入，別上珠針，進行藏針縫。

12 將口布進行疏縫，套上口金，請參考P.82口金固定方法，使用口金固定鈕或一般疏縫方法縫上口金，即完成。

type
5

一字口金包

10 一字口金
cm

type.5 一字口金包

有陽光的花路

氣質清新的一字口金，搭襯黃色滾邊的碎花布，
撩起裙襬，走在專屬自信的花路上。

使用口金／一字口金　口金尺寸／10cm
How to make / P.36—P.37　紙型／B面

10 cm
一字口金

type.5　一字口金包

黃色手帕

輕巧便攜的一字口金包，
宛如口袋裡的黃色手帕，
展現仕女的優雅風範。

使用口金／一字口金　口金尺寸／10cm
作法指南／P.98　紙型／B面

彈簧口夾口金包

type.6 彈簧口夾口金包

蔚藍海岸

沉浸在海洋溫柔的青藍,
袋面還有一朵白色小花,
袋身的橫紋壓線,
讓包包更富立體感。

使用口金／彈簧口夾　口金尺寸／10cm
How to make／P.38–P.39　紙型／A面

P.32 有陽光的花路

材料：表布13cm×22cm、
　　　裡布22cm×28cm、
　　　鋪棉（單膠）13cm×22cm、
　　　滾邊布4cm×45cm、
　　　薄布襯10cm×16cm
使用口金：一字口金　口金尺寸：10cm
紙型：B面　紙型說明：表布縫份已含0.7cm，側身布未含縫份，請外加0.7cm。

\ point /

具有俐落線條感的一字
口金包，最適合氣質脫
俗的女孩，作成零錢包
或名片夾都很百搭！

How to make

【挑戰指數：★★☆　適合有縫紉基礎學習者製作】

小提醒：為使作品清楚示範，拍攝時使用的布料可能與原作品色不同。

側身布

表布　　　　裡布

1 依紙型裁剪表布1片，燙上鋪棉
（單膠）。裡布1片、側身布4片
（2片燙上薄布襯）。

2 側身布2片（1片燙襯）正面相
對，上下處以平針縫縫合，製作
2組。

3 翻至正面。

4 上下0.3cm處進行平針壓線。

0.3cm壓線

5 表布與裡布正面相對，上下處以
半回針縫縫合，翻至正面，在接
合線下0.3cm壓線。並於記號點
疏縫上兩側側身布。

疏縫

6 疏縫完成。

洪老師的口金包製作
TIPS
· · · · · · · · · · · · · · · · · ·
步驟 **7** 至 **10** 滾邊技巧：
請參考 ▶ P.86。

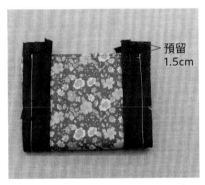

預留
1.5cm

7 裁剪滾邊條4cm×22.5cm2片，
在兩側以半回針縫縫上滾邊條，
兩端上方請預留1.5cm。

8 將預留處往下摺。

9 往內摺，別上珠針。

10 以藏針縫縫合，另一側相同作
法，完成滾邊。

11 滾邊完成後，套上口金。

12 請參考P.82口金固定方法，使
用口金固定釦或一般疏縫方法
縫上口金，即完成。

P.35 蔚藍海岸

材料：表布（A）16cm×13cm、
　　　表布（B）22cm×16cm、
　　　鋪棉（單膠）22cm×16cm、
　　　裡布（A）＋（B）34cm×16cm、
　　　小蕾絲花1片
使用口金：彈簧口夾　口金尺寸：10cm
紙型：A面　紙型說明：原寸，縫份請外加0.7cm

\point /

輕便小巧的彈簧口夾包，
放在包包內，可作為小物
收納的好幫手。

How to make

【挑戰指數：★★☆　適合有縫紉基礎學習者製作】

小提醒：為使作品清楚示範，拍攝時使用的布料可能與原作品色不同。

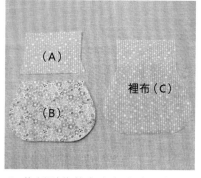

1 依紙型裁剪上表布（A）2片、裡布（C）2片。下表布（B）2片背面燙上鋪棉（單膠）。

2 表布（A）與表布（B）以珠針固定，進行半回針縫。

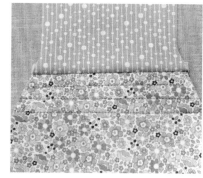

3 表布（B）由上往下以1cm間距進行壓線縫。

4 將表布（A）往上翻。

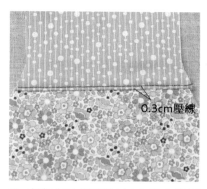

5 表布（B）與表布（A）接合線下0.3cm壓線。

6 表布與裡布正面相對別上珠針。

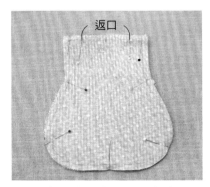

7 以半回針縫縫合，口布中間留5cm返口。

8 從返口翻至正面，返口處進行藏針縫。

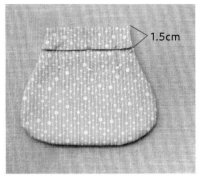

1.5cm

9 表布口布往下（背面）摺1.5cm，別上珠針。

10 在0.2cm處壓縫。

11 完成表袋正面的樣子，可依個人喜好縫上蕾絲花片裝飾。另一片表袋作法相同。

12 前表袋與後表袋2片正面相對，依紙型標示止點記號進行捲針縫合。

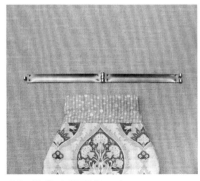

13 準備安裝彈簧口夾。

14 在通口處放入口夾，並鎖緊裝置，即完成。

洪老師的口金包製作
TIPS

袋身的橫紋壓線是讓作品更加立體的關鍵，請務必在創作時也試著加入。

type 7

L 型 口 金 包

type.7 L型口金包

哈囉仙人掌

伸出手，正在打招呼的可愛仙人掌，
運用L型口金作出創意十足的造型包，
壓線和貼布縫是讓包包更生動的重點。

Hi！

9.5×16 cm L型口金

使用口金 / L型口金
口金尺寸 / 9.5×16cm
How to make / P.41—P.43
紙型 / A面

P.40 哈囉仙人掌

材料：表布（A）米色布21cm×24cm、
　　　表布（B）綠色布17cm×11cm、
　　　低膠襯17cm×11cm、
　　　裡布21cm×24cm、
　　　鋪棉（單膠）、
　　　25號繡線（綠色、白色）
使用口金：L型口金　口金尺寸：9.5×16cm
紙型：A面　紙型說明：原寸，縫份請外加0.7cm

\point/

L型口金的大開口設計，
適合放手機或是充電
器，搭配上有型的吊飾
就成了可以隨手拎的實
用小包。

How to make 貼布縫技法（運用縫紉機製作）　　　　　　　　　【挑戰指數：★★☆　適合有縫紉基礎學習者製作】

1　準備低膠襯。

2　表布（B）依紙型畫上圖案。

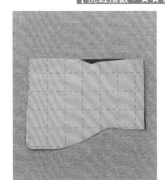

3　如圖燙上襯。

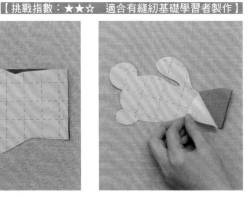

4　剪下圖型，撕下後背紙。

5　燙在表布（A）上。

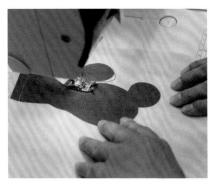

6　在圖案外圍車縫固定裝飾線。

7　在完成圖案的表布上壓縫線條，可使畫面更立體。

How to make

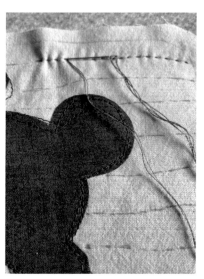
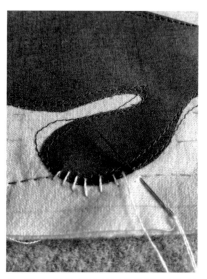

1 表布（A）依紙型裁下，以P.41貼布縫技法縫上仙人掌圖形。將表布翻至背面燙上鋪棉（單膠）。正面畫上壓線，間距約1至1.5cm，可依個人喜好隨意畫線。

2 以25號繡線2條線，將線條部分進行平針繡。

3 仙人掌外圍刺的部分進行捲針繡，間距可依個人喜好自訂。

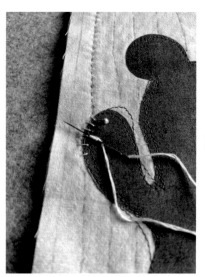
▶
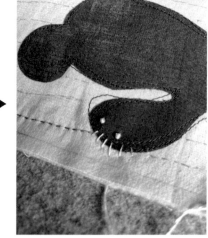

4 仙人掌內的部分進行結粒繡，間距可依個人喜好自訂。

表布　　裡布

5 刺繡完成後，將表布與裡布各自正面相對。表布下方進行半回針縫，裡布下方進行平針縫。表布與裡布各自呈現L型袋狀，如圖完成表袋及裡袋。

6 將步驟**5**表袋翻至正面後，表袋與裡袋正面相對套合。

返口

7 請留6cm的返口，建議留在縫合口金的位置，其餘部分以半回針縫縫合。修棉剪牙口，自返口翻至正面。

8 將返口以藏針縫縫合。

1.5cm

1.5cm

9 上、下位置畫上1.5cm記號點。

10 步驟**9**標記的兩處進行捲針縫。

11 翻至正面。口金轉彎處與表袋轉彎處合對後，縫上口金即完成。

type
8

雙口金包

10 cm 雙層口金

type.8 雙口金包

貓的灰色調

淺淺的灰，是具有大人味的風格色，
也宛如家中的貓咪毛色，高貴優雅。
雙口金框，是打開會讓人驚喜的設計。

使用口金／雙層口金　口金尺寸／10cm
How to make／P.50－P.53　紙型／A面

甜蜜的粉色調，
是充滿少女心的色彩，
搭配極具春天感的印花，
光是看著布料，
戀愛感隨之而來。

15cm

雙層口金

type.8 雙口金包

甜蜜桃子

使用口金／雙層口金　口金尺寸／15cm
How to make／P.54－P.55　紙型／A面・B面

45

type 9

盒型口金包

15×7 cm

ㄇ字口金

type.9 盒型口金包

祕密盒子

化妝用品、髮飾髮夾等，
讓人變得更漂亮的小東西，
都是盒子裡的祕密，
裡布用了可愛的圖案布，
打開盒子，心情超棒！

使用口金 / ㄇ字口金
口金尺寸 / 15cm×7cm
How to make / P.56─P.57
紙型 / A面

運用喜歡的布料作成三件組，
可以節省用布，
又能讓用品具有一致感，
是家中賞心悅目的一隅風景。

使用口金 / ∏型支架
口金尺寸 / 20cm
How to make / P.58–P.61
紙型 / A面

type
10

∏型支架口金包

20 ⊓型支架 cm

type.10 ⊓型支架口金包

Purple Rain

實用性高，大容量的⊓型支架包，
淡淡的紫色，令人心神嚮往。
彷若踏入春天限定的紫藤花雨。

P.44 貓的灰色調

材料：表布（A）20cm×26cm、
　　　裡布（A）24cm×26cm、
　　　鋪棉（單膠）20cm×26cm、
　　　裡布（B）24cm×40cm
使用口金：雙層口金
口金尺寸：10cm
紙型：A面　紙型說明：縫份已含0.7cm

How to make

【挑戰指數：★★★　適合進階程度者製作】

小提醒：為使作品清楚示範，拍攝時使用的布料可能與原作品色不同。

1 依紙型裁剪表布（A）1片，背面燙上鋪棉（單膠）、裡布（B）2片。

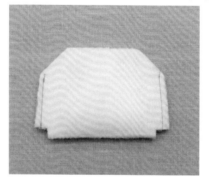

2 表布（A）正面相對，在2邊止點下方處進行半回針縫。

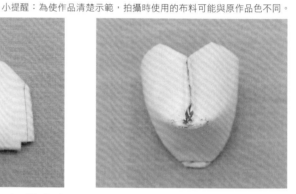

3 底部摺角處以半回針縫縫合。

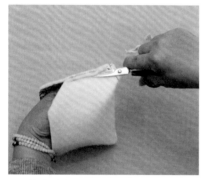

4 縫合底部摺角後，縫份處修剪棉襯。

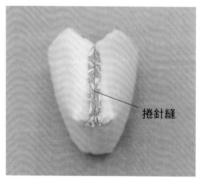

捲針縫

5 縫份處進行捲針縫，完成表袋。

6 裡布（B）底部摺角處縫份對縫份，往內進行平針縫1cm，另1片作法相同。

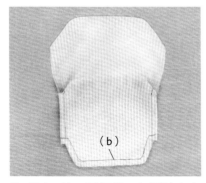

7 裡布2片正面相對，如圖於（b）位置進行平針縫。

8 縫份轉彎處皆剪牙口。

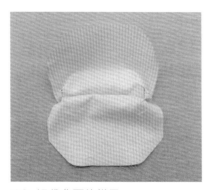

9 翻至正面。（b）位置接合線下進行0.3cm壓線。

10 裡袋背面的樣子。

11 裡袋正面相對，兩邊止點下方別上珠針。

12 裡袋兩邊止點下方進行半回針縫。

13 翻至正面，完成裡袋。

14 將步驟**5**表袋與步驟**13**裡袋正面相對套合。

15 別上珠針固定。

返口

16 以半回針縫縫合,其中一邊的中間請留5cm返口。

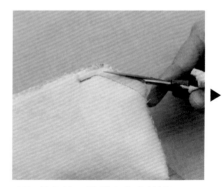

17 縫合後,縫份處修剪棉襯。

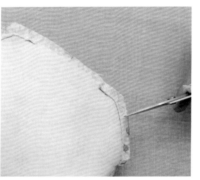

18 縫份轉彎處請剪牙口。

19 由返口翻至正面,將返口處縫份塞入,夾上強力夾,以藏針縫縫合。

20 套上口金,請參考P.82口金固定方法,縫上口金,即完成。

\ point /

打開會讓人驚喜的雙口金設計,可放入小物收納,作為零錢包也很不錯。

P.45 甜蜜桃子

材料：表布（A）19cm×35cm、
側身布（B）20cm×23cm、
內口金布（C）32cm×50cm、
裡布20cm×60cm、
鋪棉（單膠）20cm×55cm、
厚布襯12cm×36cm
使用口金：雙層口金　**口金尺寸**：15cm
紙型：A面（表袋）・B面（側身）（內口袋）　**紙型說明**：原寸，縫份請外加0.7cm

\point/

運用印花布與素色布的搭
配，使袋底呈現出有趣的
撞色設計，打開大桃子，
裡面還有小桃子喔！

How to make

【挑戰指數：★★★　適合進階程度者製作】 P.45甜蜜桃子外袋作法請參考P.30至P.31側身拼接口金包作法。

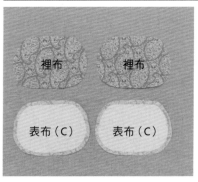

裡布　　裡布

表布（C）　　表布（C）

1 製作內口金袋：依紙型裁剪內
口金布（C）表布2片，燙上厚布
襯。裡布2片。

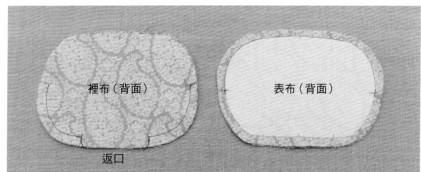

裡布（背面）　　　表布（背面）

返口

2 內口金袋表布2片正面相對，在兩邊止點下方處進行半回針縫。裡布2片正
面相對，在兩邊止點下方處進行平針縫，下方中間留返口不縫合。

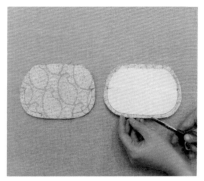

3 內口金袋縫份剪牙口。

4 縫份往兩側燙開。

5 將內口金袋表袋翻至正面。

6 將內口金袋表袋與裡袋正面相對套合。

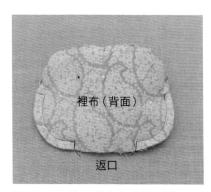

7 內口金袋表袋與裡袋止點上方兩邊各自別上珠針。

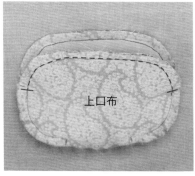

8 上口布以半回針縫縫合。

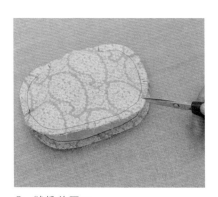

9 縫份剪牙口。

10 將內口金袋表袋翻至正面。

11 返口處進行藏針縫。

12 外袋作法請參考P.30至P.31側身拼接口金包作法完成。套上口金框，並將內口金袋縫上內口金。

13 將外側口金縫合固定即完成。

P.46 祕密盒子

材料：表布30cm×30cm、
　　　裡布30cm×30cm、
　　　厚布襯30cm×110cm、
　　　鋪棉（單膠）30cm×30cm

使用口金：ㄇ字口金
口金尺寸：15cm×7cm
紙型：A面
紙型說明：縫份已含0.7cm

How to make

【挑戰指數：★★☆　適合有縫紉基礎學習者製作】　　　　小提醒：為使作品清楚示範，拍攝時使用的布料可能與原作品色不同。

1　依紙型裁剪表布1片、裡布1片。

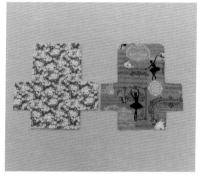

鋪棉（單膠）　　厚布襯

2　表布背面燙上鋪棉（單膠），裡布背面燙上厚布襯。

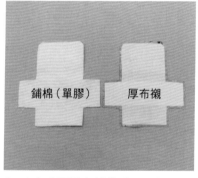

3　表布四邊依紙型標示接合點，進行半回針縫使其成為盒狀。

4　表袋縫份處修剪棉襯。

捲針縫

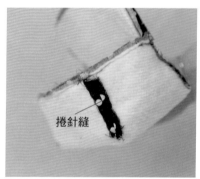

▶

5　縫份處進行捲針縫，完成表袋，裡袋作法與表袋相同，但裡袋不需進行捲針縫。

\ Point /

ㄇ字口金的應用變化款，作成盒子型的口金包，增加內容量，也讓造型更有設計感。

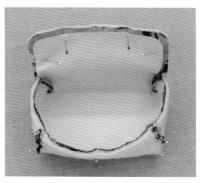

6 表袋與裡袋正面相對套合，別上珠針。

返口

7 以半回針縫縫合一圈，上口部中間請留7cm返口。

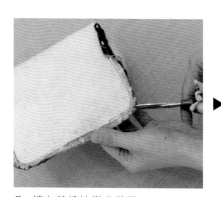

8 請在縫份轉彎處剪牙口。

9 由返口翻至正面。返口處縫份塞入，藏針縫合。

10 套上口金框，請參考P.82口金固定方法，縫上口金即完成。

洪老師的口金包製作
TIPS

裡布可以選用有趣生動的圖案，打開祕密盒子的時候，更有手作的驚喜感。

P.48 Purple Rain

材料：

前口袋布（A）：表布25cm×75cm、
　　　　　　　　裡布25cm×75cm、
　　　　　　　　厚布襯25cm×75cm各2片

主體布（B）：表布＋鋪棉（單膠）、
　　　　　　　裡布20.5cm×35cm各2片

底布（C）：12.5cm×35cm×1片、
　　　　　　鋪棉（單膠）12.5cm×35cm×1片

35cm拉鍊×1條

拉鍊口布（D）：3cm×34cm×4片

包釦布：6.5cm×6.5cm×4片

4cm包釦×4顆

\point/

外觀像是件背心的造型包，中間以20cm冂型支架作出蓬厚袋型，使包包更加硬挺有型，兩側縫上同色系包釦更可愛！

使用口金：冂型支架
口金尺寸：20cm
紙型：A面
紙型說明：縫份已含0.7cm

How to make

【挑戰指數：★★★　適合進階程度者製作】

小提醒：為使作品清楚示範，拍攝時使用的布料可能與原作品色不同。

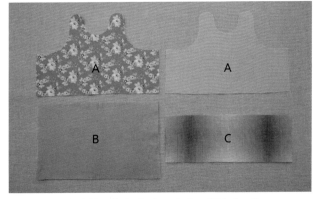

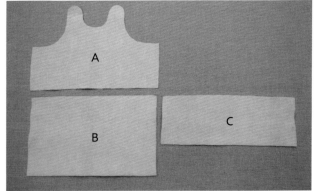

1 依紙型裁剪前口袋布（A）：表布，裡布各2片。
主體布（B）：20.5cm×35cm，表布、裡布各2片。
底布（C）：12.5cm×35cm，表布、裡布各1片。
本作品裁布尺寸均已含0.7cm縫份。

2 前口袋布（A）背面燙上厚布襯。主體布（B）、底布（C）背面燙上鋪棉（單膠）。

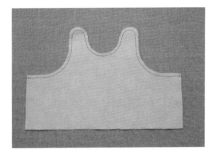

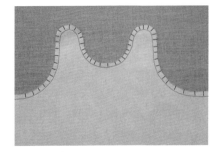

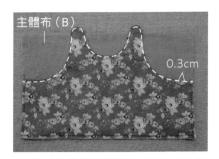

主體布（B）

0.3cm

3 前口袋布（A）：表布與裡布正面相對，車縫上方邊緣0.7cm。

4 弧度處剪牙口。

5 將前口袋布（A）翻至正面，上方邊緣進行0.3cm壓線後，放至主體布（B）上，三邊疏縫固定，製作2組。

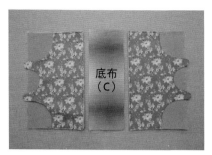

6 與底布（C）以半回針縫接合。

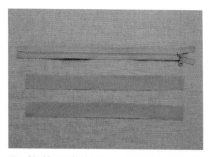

7 拉鍊口布製作：裁剪拉鍊口布 3cm×34cm4片，準備 35cm拉鍊 1條。

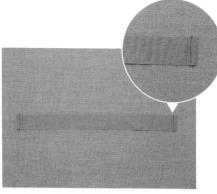

8 拉鍊口布兩側縫份1cm往內摺，外 側0.7cm壓線。

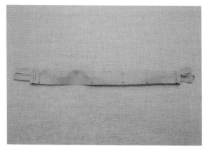

9 拉鍊口布2片中間夾拉鍊，將布正 面相對，中心對中心，別上珠針。

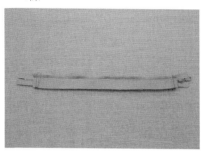

10 縫份0.7cm的位置進行半回針縫。

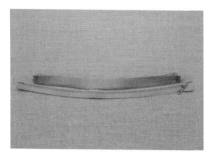

11 如圖將拉鍊口布往外燙。

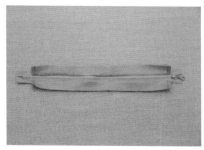

12 另一邊相同作法。

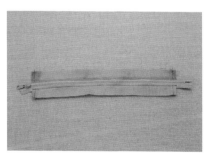

13 在拉鍊口布邊緣進行0.3cm壓線。

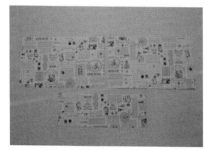

14 製作裡袋：裁剪裡布，主體布2 片、 底布1片。

15 裡布與底部以平針縫縫合。

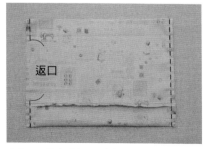

16 正面相對，兩側進行平針縫，其 中一側請留14cm返口不縫合。

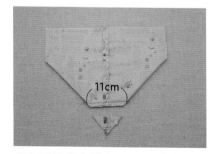

17 裡袋底布摺底11cm，進行平針 縫。縫份留1cm，多餘的布剪掉， 完成裡袋。

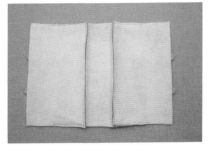

18 將步驟**6**完成的表袋3片區塊縫合。

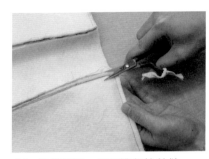

19 修剪棉襯。底部進行捲針縫。

0.3cm
0.3cm

20 表袋底布接合線下方0.3cm壓線。

21 表袋正面相對，兩側以半回針縫縫合。

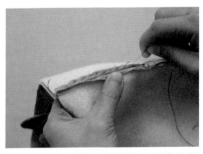

22 表袋兩側修剪棉襯後，兩邊進行捲針縫。

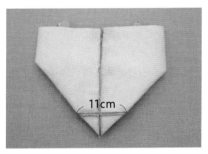

11cm

23 表袋底布摺底11cm，進行半回針縫。

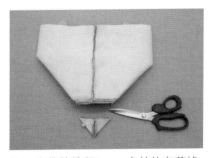

24 表袋縫份留1cm，多餘的布剪掉。

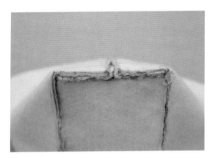

25 修剪棉襯，底部進行捲針縫。

26 將步驟**13**拉鍊口布與步驟**25**表袋正面相對，中心對中心，別上珠針。

27 縫份0.7cm的位置進行半回針縫，另一邊相同作法。

28 將步驟**27**表袋與步驟**17**裡袋正面相對。

29 袋口口部縫份0.7cm的位置進行半回針縫。

30 口部縫份修剪棉襯。

31 由返口翻至正面，以藏針縫縫合返口。

32 翻至正面的樣子。

33 包釦製作：將布裁成直徑6.5cm圓形布，背面放入4cm包釦以平針縫縮縫，完成4個。可作為拉鍊尾巴裝飾使用。

34 將2個包釦夾住拉鍊尾，以藏針縫縫合一圈。

35 在拉鍊通口處 放入20cm冂型支架。

36 釘上提把。請參考P.87提把安裝方法即完成。

洪老師的口金包製作
TIPS

以可愛的包釦裝飾拉鍊尾端，不僅可遮擋尾端縫線，亦可作為造型，選用同色系的布製作，更有加分效果。

職人訂製
口金包
Handmade Frame Bag

type
11

雙口袋口金包

type.11 雙口袋口金包

言葉之森

運用10cm半圓口金作為開口，另一端則以拉鍊設計的雙口袋口金包。
以藍綠及紫色印花作出了兩種不同風情的作品，
你心中嚮往的森林是什麼顏色的呢？

10 半圓口金 cm

使用口金 / 半圓口金
口金尺寸 / 10cm
How to make / P.64-P.67
紙型 / B面

P.62 言葉之森

材料：表布（A）25cm×28cm、
　　　表布（B）10cm×28cm、
　　　裡布25cm×28cm 、
　　　鋪棉（單膠）25cm×28cm、
　　　提把布4cm×30cm×1片、
　　　拉鍊8cm×1條、
　　　1cm小磁釦×1個、
　　　小鉤環×2組
使用口金：半圓口金
口金尺寸：10cm
紙型：B面　紙型說明：縫份已含0.7cm

運用10cm半圓口金及拉鍊
設計的雙口袋口金包。中間
的夾層可放入名片等小卡
片，以同款布作成提把，拎
著小包，率性出門！

How to make

【挑戰指數：★★★　適合進階程度者製作】

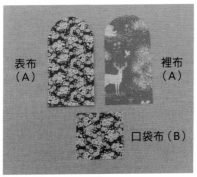

表布（A）　裡布（A）　口袋布（B）

1 依紙型裁剪表布（A）＋鋪棉（單膠）、裡布（A）、口袋布（B）各2片。

2 裁剪口袋布（B）10cm×12cm2片，正面相對，上下0.7cm以平針縫縫合。

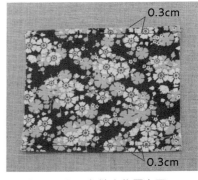

0.3cm

0.3cm

3 翻至正面，在縫合位置上下0.3cm壓線。

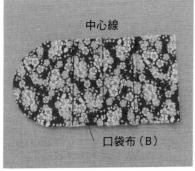

中心線

口袋布（B）

4 將口袋布放置於一片表布上，如圖於中心線壓線。

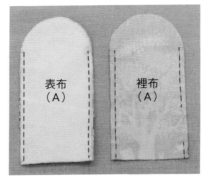

表布（A）　裡布（A）

5 由止縫點往下車縫兩側，表布2片正面相對進行半回針縫，完成表袋。裡布2片正面相對進行平針縫，如圖留返口，完成裡袋。

6 步驟**5**表袋兩側修剪棉襯，進行捲針縫。

7 表袋與裡袋正面相對,上半圓的位置以半回針縫縫合。

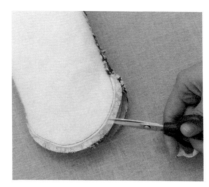

8 修剪棉襯,弧度處剪牙口。

9 翻至正面的樣子。

10 找出中心點。

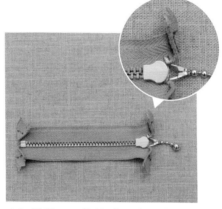

11 準備8cm拉鍊1條,在四角處縫2針固定。

12 找出拉鍊中心點,將拉鍊正面與表袋正面相對,別上珠針,以半回針縫縫合。

13 拉鍊的另一邊作法相同。

14 將拉鍊鍊齒的下方布與鋪棉以捲針縫固定。

15 將裡布的縫份往下摺,對準半回針的縫線,別上珠針,以藏針縫縫合。

16 藏針縫合完成的樣子。

 ▶

17 將另一側半圓的部分，縫上口金。（圖片中是以口金固定釦製作）

18 準備1cm手縫磁釦2組，依紙型位置縫上磁釦。

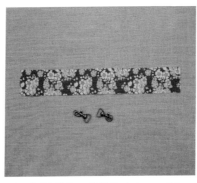

19 提把製作：裁剪表布4cm×30cm 1片，勾環2組

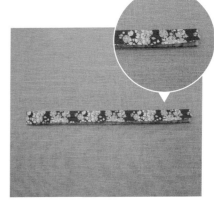

20 如圖對摺。

21 兩邊往中心線整燙。

22 再對摺整燙。

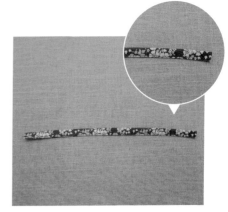

23 於0.2cm車縫直線。

24 套上勾環，布往內摺1cm。

25 再摺1cm，以藏針縫固定，另一邊作法相同。

26 將提把鉤上後，作品即完成。

洪老師的口金包製作
TIPS

· · · · · · · · · · · · · · · ·

選用同色系的布製作提把，
使作品的整體性更加一致，
也可善用剩餘的零碼布，一
舉兩得。

type
12

袋中袋口金包

湖畔時光

運用兩種尺寸的口金框,
可背亦可提,
展現學院風格的
袋中袋大包包。
大地色系的風格印花,
展現恬靜自在的手作悠閒。

使用口金 / ⊓字口金　口金尺寸 / 25cm（主袋）15cm（口袋）
How to make / P.70-P.73　紙型 / B面

25&15 cm ⊓字口金

P.68 湖畔時光

材料：

（大口金）主體布（A）23cm×34cm、
底布（B）10cm×36cm、
裡布56cm×36cm、
鋪棉（單膠）56cm×36cm、

（小口金）口袋布（C）表布12cm×19cm、
鋪棉（單膠）12cm×19cm、
裡布12cm×19cm、

提把布74cm×3.7cm×4片、
厚布襯74cm×3.7cm×2片、
背帶×1組
使用口金：ㄇ字口金
口金尺寸：25cm（主袋）15cm（口袋）
紙型：B面
紙型說明：原寸，縫份請外加0.7cm

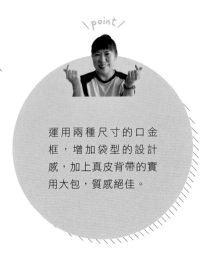

\ point /

運用兩種尺寸的口金
框，增加袋型的設計
感，加上真皮背帶的實
用大包，質感絕佳。

How to make

【挑戰指數：★★★　適合進階程度者製作】

小提醒：為使作品清楚示範，拍攝時使用的布料可能與原作品色不同。

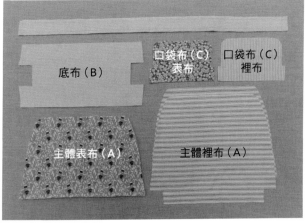

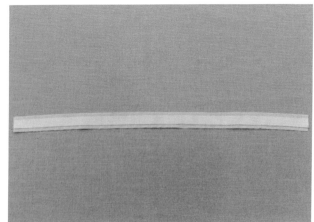

1　依紙型裁剪主體布A：表布＋鋪棉（單膠）、裡布各
2片。底布B: 表布＋鋪棉（單膠）、裡布各1片。提把
布：74cm×3.7cm4片、 厚布襯：74cm×2.2cm2片、
口袋布（C）：表布＋鋪棉（單膠）、裡布各1片。

2　製作提把：裁剪提把布後，燙上厚布襯。

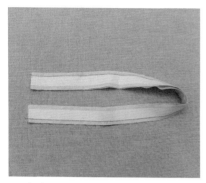

3 提把布2片正面相對，如圖車縫一邊，製作2組。

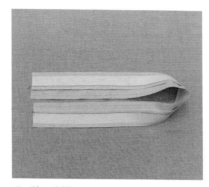

4 將2片燙開。

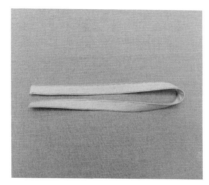

5 將縫份燙進，再對摺燙。

6 提把布兩側0.3cm壓線，以相同作法完成2條。

7 製作前口袋：依紙型裁剪口袋布（C），表布燙上鋪棉（單膠）後，與裡布正面相對，車縫上部凸出位置，縫份處剪牙口。

疏縫

8 翻至正面，下開口部2片進行疏縫。

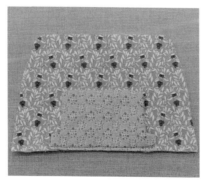

9 將前口袋布疏縫於表布（中心點對中心點）。

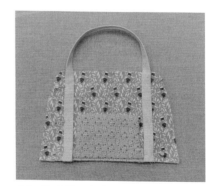

10 將步驟**6**完成的提把以半回針縫固定於上表布位置。

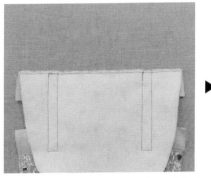

11 將2片上表布與底部以半回針縫合。

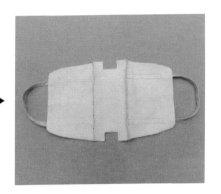

12 如圖將表布與底部組合完成。

13 表布與底部下側0.3cm壓線。將前口袋口金縫上。

13-1 前口袋位置請依紙型描上口金的幅度。

13-2 將口金其中一邊疏縫在位置上。

13-3 縫上口金。

13-4 將另一邊口金縫在前口袋布上。下圖為前口金袋完成的樣子。

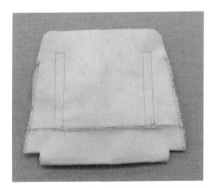

14 表袋正面相對,兩側以半回針縫縫至止縫點,縫份處修剪棉襯,進行捲針縫。

15 摺底處以半回針縫縫合。

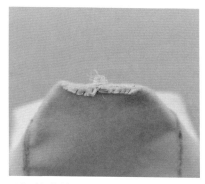

16 修剪棉襯後,往底部進行捲針縫,完成表袋。

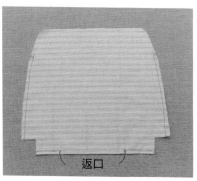

返口

17 裡袋正面相對,兩側以平針縫縫至止縫點,底部留14cm返口不縫合。

18 摺底處以平針縫縫合,完成裡袋。

19 步驟**16**表袋與步驟**18**裡袋正面相對,口部以半回針縫縫合,縫份修剪棉襯。

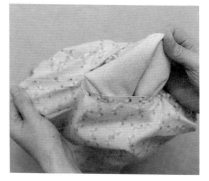

20 由返口翻至正面,以藏針縫縫合返口。

21 口部套上口金框,請參考P.82口金固定方法,縫上口金。

22 裝上背帶,作品即完成。

洪老師的口金包製作
TIPS

選用質感絕佳的真皮背帶,就成了可背可提的多用途外出大包,主體布與口袋布可選擇同款布料,或是以素色搭配印花或水玉點點,展現個人風格。

本書使用口金

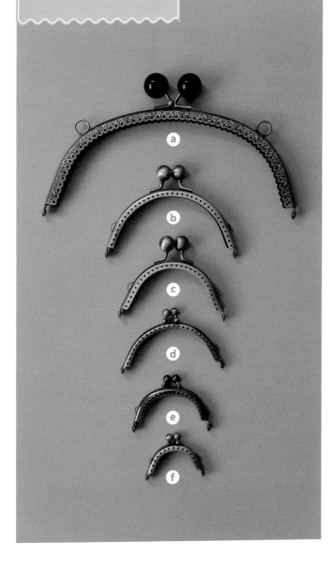

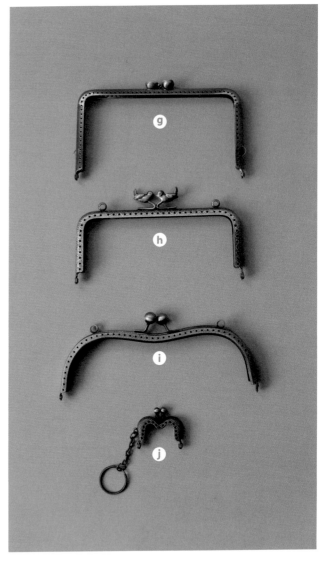

ⓐ 20cm糖果口金

ⓑ 12cm半圓口金

ⓒ 10cm半圓口金

ⓓ 8cm半圓口金

ⓔ 6cm半圓口金

ⓕ 4.5cm半圓口金

ⓖ 15×7cm冂字口金

ⓗ 15×4.5cm冂字口金

ⓘ 18cm馬甲口金（眼鏡口金）

ⓙ 4cmM型口金

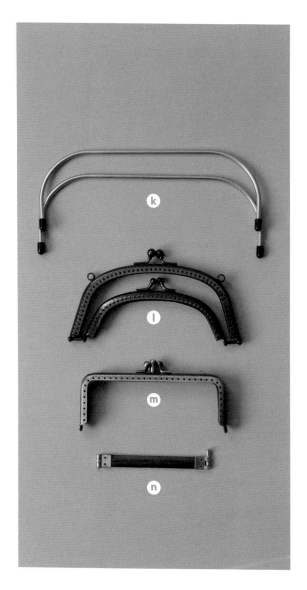

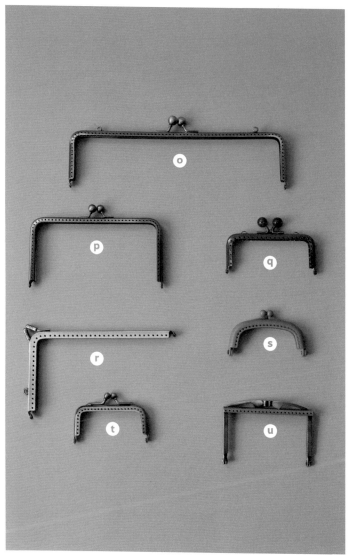

k 20cm冂型支架

l 15cm雙層口金

m 10cm雙口金

n 10cm平口夾

o 20cm冂字口金

p 15×6cm冂字口金

q 10cm冂字口金

r 9.5×16cmL型口金

s 8cm冂字口金

t 8cm冂字口金

u 10cm一字口金

■口金框提供／陽鐘拼布材料飾品DIY

POINT

8cm半圓口金是最適合初學者入門的選擇，口金尺寸越小難度愈高。雙口金款式則建議進階者挑戰喔！

基礎材料＆工具

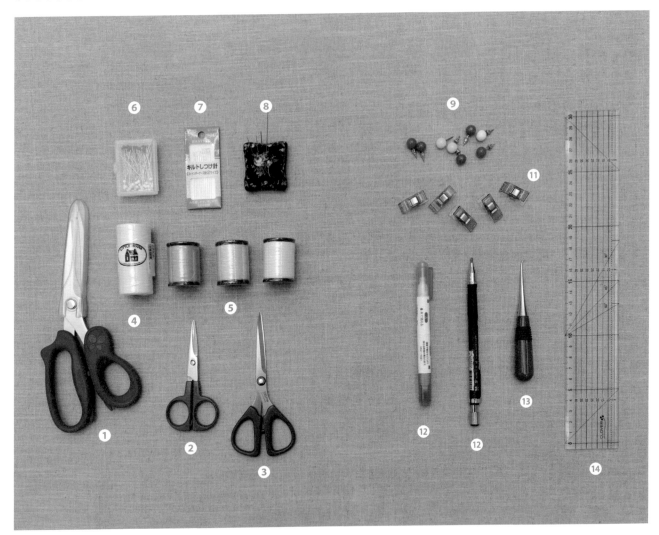

❶ 蝴蝶大剪刀：裁剪大塊布時使用。

❷ 小紅剪：比布剪小的剪刀，便於剪線、剪牙口。

❸ 藍柄小布剪：剪布使用，攜帶方便。

❹ 疏縫線（黃色）：疏縫臨時固定。

❺ 手縫手壓線：接縫及縫口金使用。

❻ 紅白珠針：協助固定布料。

❼ 疏縫針：疏縫時使用。

❽ 針插：收納針類使用。

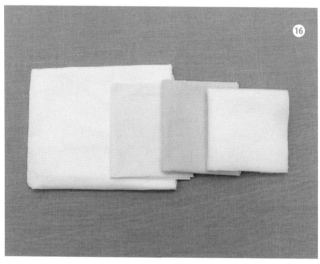

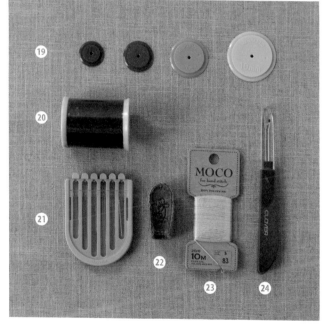

❾ 口金固定器（彩色）：縫製口金時的好幫手。

❿ 口金固定器（木製）

⓫ 強力夾：厚布料固定使用

⓬ 水消．空氣消筆．鉛筆：畫布、作記號使用。

⓭ 錐子：修整袋布外型，將袋布嵌入口金溝槽中。

⓮ 定規尺：製作紙型，作記號用。

⓯ 縫紉機BERNINA480

⓰ 棉襯

⓱ 布標

⓲ 蕾絲片

⓳ 縫份圈（四種尺寸）

⓴ 皮革線

㉑ 綜合針

㉒ 皮指套

㉓ 繡線

㉔ 拆線器

■縫紉機．工具提供／隆德貿易有限公司

本書使用布料

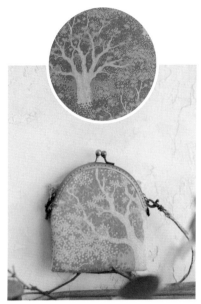

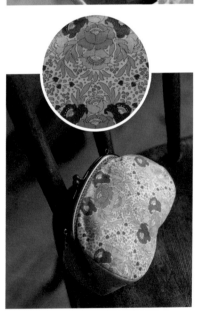

POINT

全書使用的布料，大多使用北歐風格的花色布縫製。我喜歡田園生活、各式可愛莓果花卉及農場小物的圖案，加上莫蘭迪色調素布的組合風格，通常主角為花布時，以花布的花紋比重較多的色彩，找出同樣的素色布與其搭配，就能達到作品的色彩平衡，這是配色拿捏的重點。

■布料提供／隆德貿易有限公司

本書使用提把

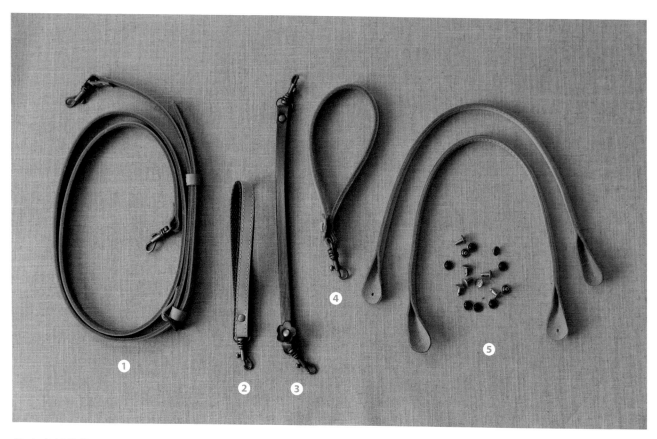

❶ 真皮斜背帶120×1.1cm　❷ 單勾手提把15×1.1cm　❸ 雙勾手提把25×1.1cm　❹ 真皮單勾手提把16.5×1cm
❺ 真皮雙邊手提把（鉚釘）38×1cm

POINT

運用各式提把，搭配口金包製成可提可背的款式，增添實用性，也讓口金包的面貌更加千變萬化。

■真皮提把提供／陽鐘拼布材料飾品DIY

基本紙型製作&描畫方法

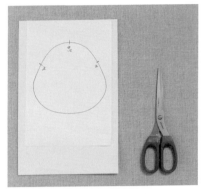

1 將紙型影印後，
貼在卡紙上。

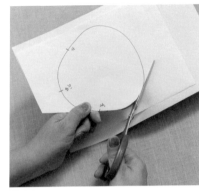

2 沿著線剪下。

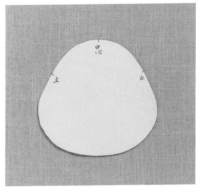

3 畫布紙型完成。

4 將紙型畫於布上，
即完成描畫紙型。

基本紙型標示閱讀說明

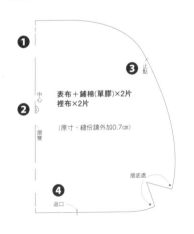

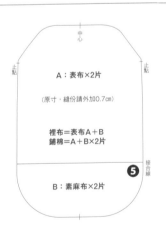

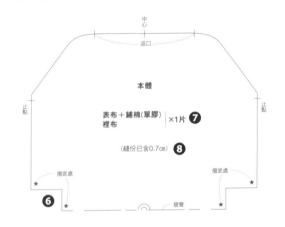

❶ ------摺雙線：製作紙型時，以相同尺寸及同等比例
描繪另一半紙型成為一片。

❷ ◠合印記號：方便核對接合紙型的記號。

❸ 止點：停止縫合的位置。

❹ 返口：留下開口以便翻回正面的位置。

❺ 接合線：布片接合的位置。

❻ ★摺底處：請依★位置摺合底部。

❼ 紙型標示片數：請依紙型上的標示裁剪所需片數及
注意是否燙襯。

❽ 縫份標示：請依紙型上的標示縫份，注意是否已含
縫份，或需要外加縫份。

描畫縫份方法：使用尺的輔助作法

1 已含縫份的紙型：請使用尺測量縫份寬度0.7cm，往內畫出實際線。

2 未含縫份的紙型：請使用尺測量，往外側畫出縫份寬度0.7cm。

描畫縫份方法：使用縫份圈的輔助作法 （原寸紙型適用）

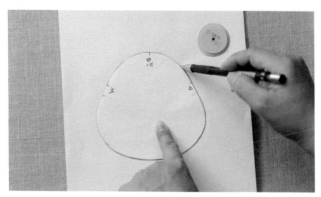

1 先將原寸紙型畫上。

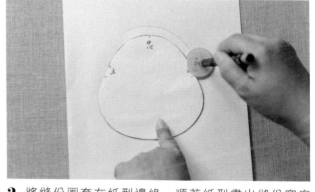

2 將縫份圈套在紙型邊緣，順著紙型畫出縫份寬度0.7cm。

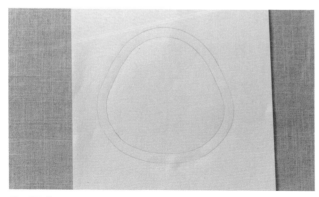

3 完成。

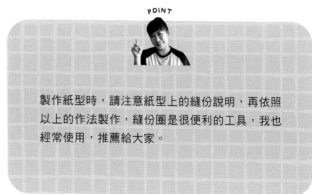

POINT

製作紙型時，請注意紙型上的縫份說明，再依照以上的作法製作，縫份圈是很便利的工具，我也經常使用，推薦給大家。

縫製口金的方法：使用口金固定器的輔助作法

準備工具：口金固定器

POINT

一般在縫製口金時，都是採疏縫固定的作法，再進行縫製，但自從發現了「口金固定器」這個好用的工具，我就經常使用它來作為縫製口金的輔助，在縫製時，可使口金框保持穩定，非常便利，推薦大家使用。

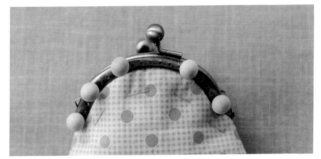

1 使用口金固定器固定口金框。縫製口金前，請先疏縫上口布，使袋口平整。

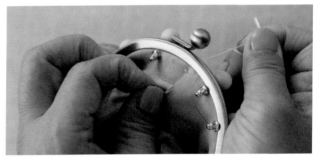

2 縫製口金：請從裡袋口金中心開始往表袋縫。

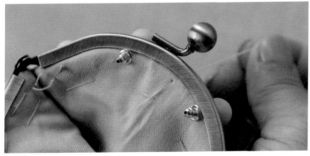

3 將線頭藏到布與鋪棉中間。

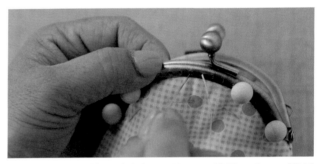

4 往隔壁的孔縫入（表布正面），一邊縫口金，一邊拆掉固定器。

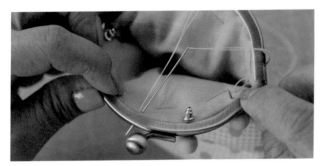

5 再從同一個孔縫出（裡布正面）。

6 以同樣方法縫到最邊緣的孔。

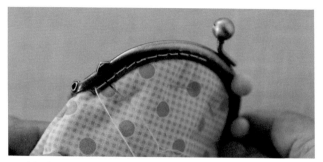

7 縫到最後一個孔時，請往前面的孔進行一次回針縫。

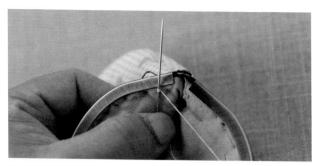

8 在此收針打結。

9 在同一個線孔，將打結線頭拉入布與鋪棉的中間。

10 再從中間孔開始縫口金另一側，縫合時請一邊拆掉上口布疏縫線，即完成。

縫製口金的方法：疏縫固定的作法

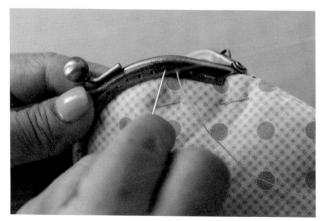

1 若無口金固定器，請將口金中心點與袋口中心點作記號對準後，再以疏縫針穿上疏縫，以每兩針孔縫一針、再空一個孔的方式，以此類推疏縫固定，採手縫疏縫固定口金框後，再依照P.82流程縫製口金。

基礎縫法

【平針縫法】

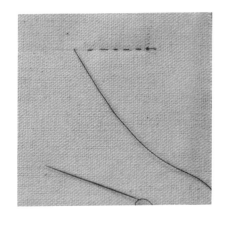

【藏針縫法】

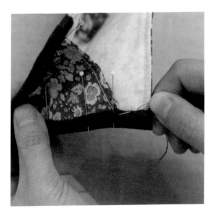

【平針繡法】

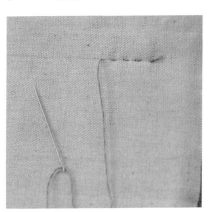

【半回針縫法】

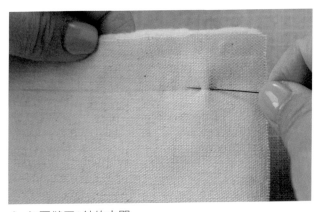

1 如圖縫回2針的中間。

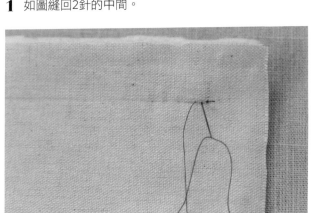

2

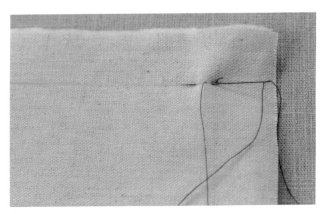

3

4 完成。

【 捲針縫 】

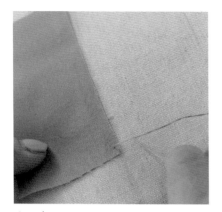

1 1出。

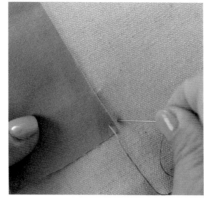

2 2入。

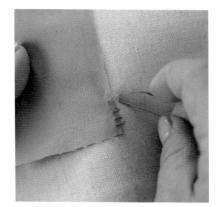

3 如圖上下包捲的縫。

【 法國結粒繡法 】

1 1出。

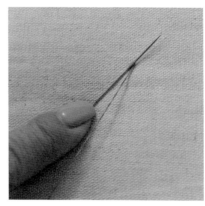

2 繞數圈後2入。

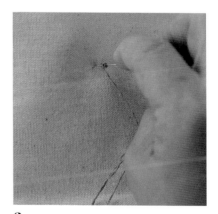

3

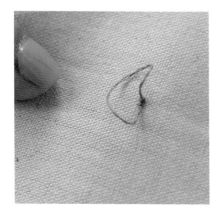

4

5 完成。

滾邊製作

1 將布摺出直角三角形。

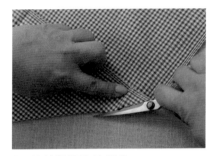

2 裁剪對摺線的部分。

3 裁剪下來的布為三角狀。

4 以尺測量畫出4cm寬度。

5 沿記號線剪下。

6 將兩側往中心摺燙。

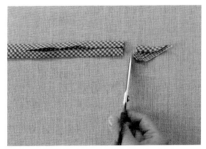

7 將起頭的斜角修齊。

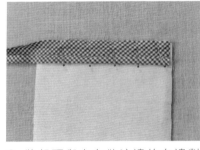

8 將起頭與表布欲滾邊的布邊對齊，別上珠針固定。

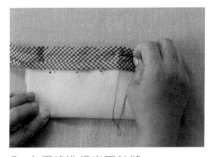

9 上摺線進行半回針縫。

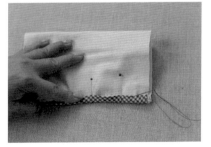

10 將滾邊條另一邊翻至裡布，別上珠針固定。

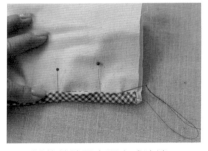

11 以藏針縫固定即完成滾邊。

安裝提把基礎方法

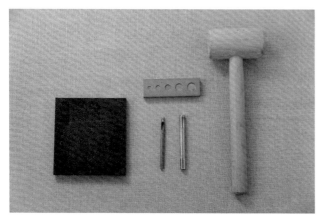

工具準備：厚墊、釘座、圓斬打洞工具、平凹斬、槌子

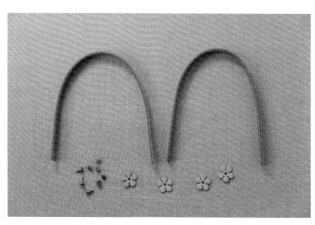

1 準備提把配件。

2 在釘手把的位置作記號。

3 打一個洞。

4 將小花裝飾片與提袋、手把組合。

5 套上二合釦。

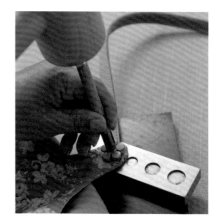

6 放在釦台上，上方以平凹斬釘上
二合釦，即完成提把安裝。

真皮提把提供／陽鐘拼布材料飾品DIY

口金包的製作 Q&A

在教學的過程中,經常會被問到的口金包製作方法及技巧,
我整理了幾個常見的問題,與大家分享,讀者在製作時也可以參考喔!

Q 初學者適合開始練習製作的
口金框尺寸及袋型建議?

8cm及8.5cm是市面上最容易入手的尺寸,以
上兩款基本袋型,最適合新手練習製作,你也
可以選用自己喜愛的裝飾釦或小配件,縫在口
金包上,就是獨一無二的個人專屬款。

Q 手上只有10cm口金框,
可以用在10.5cm紙型嗎?

可以。只要將2邊的止縫點往上移,調整
0.2cm即可。

Q 如何對合口金框。

最重要的就是表布的中心與口金的中心,一
定要對準喔!

Q 老師在製作口金包時,
有特別的小技巧分享嗎?

在製作作品的過程中,我習慣修剪棉襯、捲
針,主要的目的是使作品的正面接縫處能呈
現平整的幅度,使作品更美觀,讀者也請試
試看。

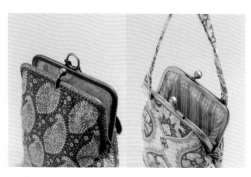

Q 小尺寸口金的縫製技巧建議？
適合初學者製作嗎？

小尺寸口金在縫製上因口部尺寸小，縫製時容易卡手，建議新手從8cm口金入手為佳，多加練習後，再挑戰尺寸較小的口金框喔！

Q 黏式口金與
縫式口金的不同？

黏式口金在日本書籍很常見，製作時只需黏合即可，但因台灣氣候較為潮濕，黏合方式容易脫落，所以較不實用，本書收錄的作品都是以縫式口金縫製。

口金固定釦

Q 推薦縫製口金時
的好用工具。

本書的縫製方式都是以口金固定釦輔助完成。不僅省去疏縫口金的時間，可更方便作位置修正，是非常便利的工具。

■口金固定釦提供／陽鐘拼布材料飾品DIY

Q 製作口金包時，
有不適合的布料嗎？
關於配色技巧，配布重點，北歐風格
圖案布的取圖方式是否可分享？

製作口金包時，不建議使用具有彈性的布料，作品會容易變形，太厚的布料也不適合，因為口金的縫隙無法塞入縫合。

本書使用的布料，大多是以北歐風格的印花布設計。通常主題為花布時，會以花紋比重較多的色彩，搭配同樣的素色布與其搭配，使其色彩平衡。

有時使用較為素雅的布料時，亦可使用布標或蕾絲片裝飾作品，使作品質感更加分。

PART THREE

作法指南
How To Make

本書
「作法說明」

● 本書收錄作品縫份單位皆為cm。

● 基本紙型製作&用語說明請參見P.80

● 本書收錄作品的縫份尺寸，請在製作時詳見每件作法的
　縫份說明，並搭配各件作品的紙型製作。
　原寸紙型：製作時，縫份請外加0.7cm。
　已含縫份0.7cm：製作時，不需外加縫份。

● 本書部分作品採示範教學，其它作品建議參考作品的作
　法說明，並搭配相同作法的作品圖解流程製作。製作時
　請參考挑戰指數分級，會更得心應手喔！

　　挑戰指數　　★☆☆適合初學者製作
　　挑戰指數　　★★☆適合有縫紉基礎學習者製作
　　挑戰指數　　★★★適合進階程度者製作

● 基礎口金包作法請參見P.12至P.13。

● 基礎製作技巧請參見P.82至P.87。

● 本書作品的口金固定方法分為「口金固定釦運用方式」
　及「疏縫固定方式」，請參見P.82至P.83，依個人所需
　選擇決定作法。

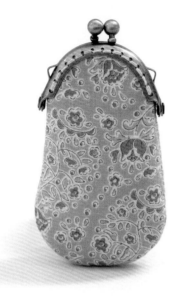

P.7 花雨

材　料	黃花款 表布11cm×16cm、 裡布11cm×16cm、 鋪棉（單膠）11cm×16cm 紫花款 表布9cm×20cm、 裡布9cm×20cm、 鋪棉（單膠）9cm×20cm	使用口金	半圓口金
		口金尺寸	6cm
		紙　型	A面
		紙型說明	原寸，縫份請外加0.7cm
		挑戰指數	★☆☆適合初學者製作

作法重點	作法與P.6作品相同，請參考P.12至P.13。

P.9 花的輪廓

材　　料	表布23cm×16cm、 裡布23cm×16cm 、 鋪棉（單膠）23cm×16cm
挑戰指數	★☆☆適合初學者製作

使用口金	M型口金
口金尺寸	4cm
紙　　型	A面
紙型說明	原寸，縫份請外加0.7cm

作法重點　作法與P.6作品相同，請參考P.12至P.13。

作法流程

1. 依紙型裁剪表布2片，表布＋鋪棉（單膠）2片正面相對後，以半回針縫縫合兩側至止點。
2. 步驟**1**修剪棉襯後，進行捲針縫，完成表袋。
3. 依紙型裁剪裡布2片，正面相對以平針縫縫合至止點，請留返口，完成裡袋。
4. 步驟**2**表袋及步驟**3**裡袋正面相對，口部以半回針縫縫合，修剪棉襯。
5. 由返口翻至正面，以藏針縫縫合返口，整燙後，縫上口金即完成。

P.8 彩色豆豆

材　　料	表布25cm×17cm、 裡布25cm×17cm、 鋪棉（單膠）25cm×17cm	使用口金	⊓字口金
		口金尺寸	8cm
挑戰指數	★☆☆適合初學者製作	紙　　型	B面
		紙型說明	縫份已含0.7cm

作法重點　作法與P.6作品相同，請參考P.12至P.13。

作法流程

1. 依紙型裁剪表布＋鋪棉（單膠）正面相對對摺後，以半回針縫縫合兩側至止點。
2. 步驟**1**完成並修剪棉襯後，進行捲針縫，依紙型記號摺出底部，以半回針縫縫合，完成表袋。
3. 依紙型裁剪裡布2片，正面相對以平針縫縫合兩側至止點。
4. 依紙型記號摺出底部，以平針縫縫合，完成裡袋。
5. 步驟**2**表袋及步驟**4**裡袋正面相對，以半回針縫縫合，請留返口。
6. 將步驟**5**修剪棉襯後，翻至正面，返口以藏針縫縫合。
7. 整燙後，縫上口金即完成。

P.10 藍色棉花糖

材　　　料	表布23cm×68cm、 裡布23cm×68cm、 鋪棉（單膠）23cm×68cm
挑戰指數	★★☆適合有縫紉基礎學習者製作

使用口金	半圓口金
口金尺寸	20cm
紙　　型	A面
紙型說明	原寸，縫份請外加0.7cm

作法重點	作法與P.6作品相同，請參考P.12至P.13。

作法流程

1. 依紙型裁剪表布＋鋪棉（單膠）2片。
2. 表布2片各自依紙型記號摺出底部，以半回針縫縫合，縫到止點位置，縫份處請修剪棉襯。
3. 依紙型裁剪裡布2片，各自依紙型摺出底部，以平針縫縫合。
4. 步驟**2**表布2片正面相對，以半回針縫縫合，縫份處請修剪棉襯，並進行捲針縫，完成表袋。
5. 步驟**3**裡布正面相對，以平針縫縫合，底部位置留返口，完成裡袋。
6. 步驟**4**表袋及步驟**5**裡袋正面相對，口部以半回針縫縫合，縫份處請修剪棉襯。
7. 由返口翻至正面，返口以藏針縫縫合。
8. 整燙後，縫上口金即完成。

P.15 晴空青鳥

材　　料	表布（A）27cm×10cm、 表布（B）27cm×16cm、 裡布＝（A）＋（B）27cm×24cm、 鋪棉（單膠）27cm×24cm、 裝飾布標、 小提把一組（依個人喜好準備）

使用口金	ㄇ字口金
口金尺寸	15cm
紙　　型	B面
紙型說明	原寸，縫份請外加0.7cm

挑戰指數	★★☆適合有縫紉基礎學習者製作

作法流程

1. 依紙型裁剪表布（A）＋表布（B）接合成一片，進行平針縫，縫份請倒向（A）。
2. 依個人喜好縫上裝飾布標，完成後燙上鋪棉（單膠）。
3. 裡布＝表布（A）＋表布（B）的尺寸，請準備1片。
4. 步驟2表布對摺後，兩側以半回針縫縫合，縫到止點，縫份處請修剪棉襯，並進行捲針縫，完成表袋。
5. 步驟3裡布對摺後，兩側以平針縫縫合，縫到止點，請在一側留返口，完成裡袋。
6. 步驟4表袋與步驟5裡袋正面相對，口部以半回針縫縫合，縫份處請修剪棉襯。
7. 由返口翻至正面，返口以藏針縫縫合。
8. 整燙後，縫上口金即完成。

P.16 夏日花藤

材　料	表布（A）17cm×33cm、 表布（B）8cm×33cm、 裡布23cm×33cm、 鋪棉（單膠）23cm×32cm、 提把布4cm×28cm （提把布尺寸已含縫份）

使用口金	ㄇ字口金
口金尺寸	8cm
紙　型	A面
紙型說明	原寸，縫份請外加0.7cm

挑戰指數　★★☆適合有縫紉基礎學習者製作

作法重點　作法請參考P.14作品，請參考P.18至P.19。

作法流程

1. 依紙型裁剪表布（A）2片、表布（B）2片。表布（A）＋表布（B）正面相對，以平針縫縫合，完成2片。
2. 將步驟**1**完成的前、後片，各自翻至背面，縫份往下燙。
3. 步驟**2**完成的表布前片及後片背面燙上鋪棉（單膠）
4. 表布（B）與表布（A）接合線下方0.3cm壓線。可作為裝飾及固定縫份。
5. 表布前片及後片正面相對，在兩邊止點下方處以半回針縫縫合。
6. 縫合完成處請修剪棉襯，並進行捲針縫，完成表袋。
7. 依紙型裁剪裡布2片，裡布2片正面相對後，在兩邊止點下方處，以平針縫縫合，下方中間留返口不縫合，完成裡袋。
8. 將步驟**6**表袋翻至正面，與步驟**7**裡袋正面相對套合。
9. 表袋與裡袋止點上方兩邊各自別上珠針，以半回針縫縫合。
10. 步驟**9**上口布修剪棉襯，剪牙口，從返口翻至正面，翻至正面後，塞入裡布，以藏針縫縫合返口。
11. 請參考P.66步驟**19**至**22**製作提把。
12. 上口布進行疏縫後，將提把以疏縫縫上，縫上口金即完成。

P.21 泡泡物語

材　　料	表布19cm×38cm、 裡布19cm×38cm、 鋪棉（單膠）19cm×38cm
挑戰指數	★★☆適合有縫紉基礎學習者製作

使用口金	半圓口金
口金尺寸	10cm
紙　　型	B面
紙型說明	縫份已含0.7cm

作法流程

1. 依紙型裁剪表布2片，各自燙上厚布襯。
2. 表布上方兩個記號點中間縫份0.5cm位置進行縮縫，作出抓皺效果，針距請調整在0.7cm至1cm。抓皺製作方法請參考P.22步驟**2**。
3. 步驟**2**表布2片正面相對，在兩邊止點下方處以半回針縫縫合，完成表袋。
4. 依紙型裁剪裡布2片，正面相對後，在2邊止點下方處以平針縫縫合，下方中間處留返口不縫合，完成裡袋，裡袋縫份請剪牙口。
5. 將步驟**3**表袋翻至正面。
6. 步驟**5**表袋與步驟**4**裡袋正面相對套合。
7. 表袋與裡袋止點上方兩邊各自別上珠針，以半回針縫縫合。
8. 步驟**7**上口布剪牙口。
9. 從返口翻至正面，塞入裡布，裡布返口別好珠針後，以藏針縫縫合。
10. 步驟**9**上口布疏縫，套上口金並縫合即完成。

P.34 黃色手帕

材　　料	表布（A）26cm×16cm1片、 裡布26cm×16cm1片、 側身布（B）11cm×34cm1片、 裡布11cm×34cm1片、 鋪棉（單膠）37cm×34cm1片
挑戰指數	★★☆適合有縫紉基礎學習者製作

使用口金	一字口金
口金尺寸	10cm
紙　　型	B面
紙型說明	原寸，縫份請外加0.7cm

作法流程

1. 依紙型裁剪表布（A）燙上鋪棉（單膠），完成2片。
2. 依紙型裁剪側身布（B）燙上鋪棉（單膠）。
3. 表布（A）2片與側身布（B）別上珠針，以半回針縫縫合。
4. 縫份部分請修剪棉襯，並進行捲針縫，完成表袋。
5. 依紙型裁剪裡布2片與側身裡布以平針縫縫合，底部一側留返口，完成裡袋。
6. 步驟**4**表袋與步驟**5**裡袋正面相對，口部以半回針縫縫合一圈。
7. 步驟**6**修剪棉襯。
8. 整燙後，縫上口金即完成。

Handmade Frame Bag

Chic Escape

優雅的逃離

2022夏季新布上市

台灣總代理　隆德貿易有限公司
布能布玩台北迪化店　台北市大同區延平北路二段53號　(02) 2555-0887
布能布玩台中河北店　台中市北屯區河北西街77號　(04) 2245-0079
布能布玩高雄復興店　高雄市苓雅區復興二路25-5號　(07) 536-1234

官網改版 歡迎使用

製包本事 01

職人訂製口金包
北歐風格印花布x口金袋型應用選

....

作　　者／洪藝芳
發 行 人／詹慶和
執行編輯／黃璟安
編　　輯／蔡毓玲・劉蕙寧・陳姿伶
執行美編／韓欣恬
攝　　影／Muse Cat Photography吳宇童
美術編輯／陳麗娜・周盈汝
出 版 者／雅書堂文化事業有限公司
發 行 者／雅書堂文化事業有限公司
郵政劃撥帳號／18225950
戶　　名／雅書堂文化事業有限公司
地　　址／新北市板橋區板新路206號3樓
電　　話／(02)8952-4078
傳　　真／(02)8952-4084
網　　址／www.elegantbooks.com.tw
電子信箱／elegant.books@msa.hinet.net

....

國家圖書館出版品預行編目資料

職人訂製口金包：北歐風格印花布×口金袋型應用選/洪藝芳著.
-- 初版. -- 新北市：雅書堂文化事業有限公司, 2022.09
　面；　公分. -- (製包本事；1)
ISBN 978-986-302-633-4(平裝)

1.CST: 手提袋 2.CST: 手工藝

426.7　　　　　　　　　　　　　　　　111009320

....

2022年9月初版一刷　定價 480 元

....

經銷／易可數位行銷股份有限公司
地址／新北市新店區寶橋路235巷6弄3號5樓
電話／(02)8911-0825
傳真／(02)8911-0801

....

版權所有・翻印必究
※本書作品禁止任何商業營利用途
　（店售・網路販售等）&刊載，
　請單純享受個人的手作樂趣。
本書如有缺頁，請寄回本公司更換。

....

特別感謝
本書使用口金框&真皮提把提供／陽鐘拼布飾品材料DIY
本書使用布料&縫紉機提供／隆德貿易有限公司
作法拍攝場地協助／隆德布能布玩台北迪化店